小天角
Tiān Jiǎo Kids
轻科普系列

真的有龙吗？
自然界的
"龙"图鉴

[英] 阿尼塔·加纳利 著

刘佳男 绘

郑宇婷 译

湖南美术出版社
全国百佳图书出版单位
·长沙·

Real-life Dragons and their Stories of Survival

Copyright © Hodder and Stoughton

Text by Anita Ganeri

Illustrations by Jianan Liu

First published in 2022 by Hodder & Stoughton Limited

Simplified Chinese rights arranged through CA-LINK International LLC (www.ca-link.cn)

All rights reserved

湖南省版权局著作权合同登记号：18-2023-038

图书在版编目（CIP）数据

真的有龙吗？：自然界的"龙"图鉴 /（英）阿尼塔·加纳利著；刘佳男绘；郑宇婷译 . -- 长沙：湖南美术出版社，2023.3
ISBN 978-7-5746-0006-5

Ⅰ.①真… Ⅱ.①阿… ②刘… ③郑… Ⅲ.①动物－儿童读物 Ⅳ.① Q95-49

中国版本图书馆 CIP 数据核字 (2023) 第 016365 号

ZHENDE YOU LONG MA?
ZIRANJIE DE "LONG" TUJIAN

真的有龙吗？
自然界的"龙"图鉴

广州天闻角川动漫有限公司 出品
Guangzhou Tianwen Kadokawa Animation & Comics Co.,Ltd.

出 版 人	黄 啸	责任编辑	易 莎　贺澧沙
出 品 人	刘烜伟	文字编辑	向沅沅　陈修齐
著 者	[英]阿尼塔·加纳利	装帧设计	陈锦娴
绘 者	刘佳男	责任校对	徐 盾　王玉蓉
译 者	郑宇婷	特邀审稿	齐 硕

出版发行　湖南美术出版社（长沙市东二环一段 622 号）
　　　　　网址：www.arts-press.com 邮编：410016

印　　刷　湖南天闻新华印务有限公司

开　　本　889mm×1194mm 1/16
印　　张　3.25

版　　次　2023 年 3 月第 1 版
印　　次　2023 年 3 月第 1 次印刷
书　　号　ISBN 978-7-5746-0006-5
定　　价　59.80 元

图片版权说明（按原版书页码排列）：

Nature PL: Tim MacMillan
/John Downer Pro 34; Norbert Wu 34.
Shutterstock: Angelaravaiola 15;
Nina B 26; Sahara Frost 42;
UllichG 39; Andrey Gudkov 7;
Reptiles4all 10; Subphoto 31;
Jaron Tedjaem 18.

目录

简介

　　千百年来，龙一直是激发人类想象力的生物。它们有的守护着金山、银山，呼气时会喷出火焰；有的扇动着布满鳞片的翅膀，穿云而出；还有的潜伏在地底的洞穴中，或者在海洋深处游弋徘徊……在世界各地的神话和传说中，都可以看到它们的身影。

　　遗憾的是，现实世界里并没有龙。不过，在自然界中，存在着与龙紧密相关的动物，有些甚至可以飞翔。它们有的生活在陆地上，有的生活在海里。它们都有属于自己的故事和神秘的别名。

　　本书介绍了10种自然界中真实存在的"龙"，讲述了与它们有关的惊人事实，也收录了一些民间传说。此外，还介绍了这些奇妙无比的动物是如何被发现的，以及它们是如何适应环境并在野外生存下来的。

　　是时候开始这场精彩的野生动物观赏之旅了。

　　如果你够勇敢的话，就加入我们吧！

科莫多巨蜥
KOMODO DRAGON

身份信息

别名：科莫多龙

学名：*Varanus komodoensis*

分类：爬行类

食物：鹿、野猪、水牛、腐肉

全长：雌性最长可达1.8米，雄性最长可达3米

体重：最重可达165千克

栖息地：印度尼西亚的科莫多岛、林卡岛、莫坦岛、努沙科德岛

生活环境：干燥的森林、草地

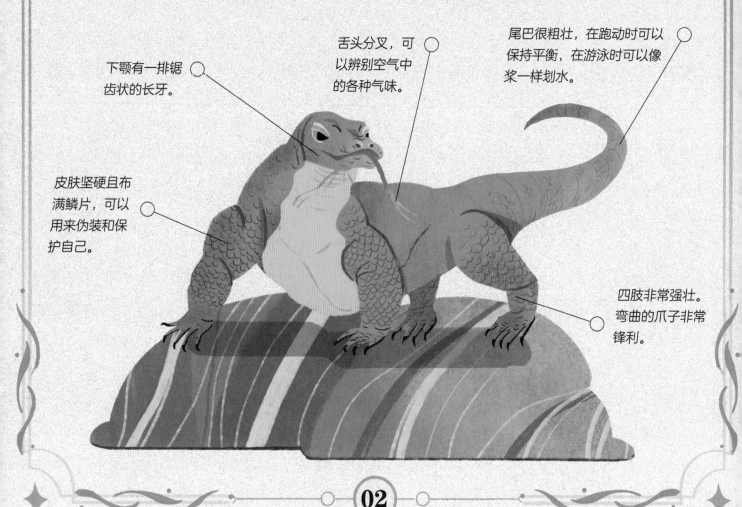

下颚有一排锯齿状的长牙。

舌头分叉，可以辨别空气中的各种气味。

尾巴很粗壮，在跑动时可以保持平衡，在游泳时可以像桨一样划水。

皮肤坚硬且布满鳞片，可以用来伪装和保护自己。

四肢非常强壮。弯曲的爪子非常锋利。

在布满礁石的海岸边，一只身披"铠甲"的巨型生物正在徘徊。它缓慢地左右晃动着脑袋，一边闲庭信步，一边迅速吞吐着长长的舌头，看起来就像是直接从恐龙世界穿越过来的。这只非比寻常的爬行动物是科莫多巨蜥，它是地球上现存体形最大、体重最重的蜥蜴。

专家认为，科莫多巨蜥的祖先早在几百万年前便生活在地球上。但是，直到二十世纪早期，欧洲科学家才确认了它们的存在。

数百年来，水手间流传着一个故事：在印度尼西亚的几个不起眼的小岛上，生活着会喷火的龙。甚至有水手报告说，这些龙会飞。荷兰军官亨斯布鲁克中尉对此深深着迷，决定前往调查。他从印度尼西亚的科莫多岛登陆，几天后就猎杀了一条"龙"，并将它的皮送往附近的爪哇岛，交到一位科学家手中。仔细研究了这块皮后，这位科学家宣布：这是一只巨大的蜥蜴。它既不能飞翔，也不能喷火。即便如此，它还是被冠以"龙"的别名。

发现科莫多巨蜥的消息迅速传播开来，人们欢欣鼓舞。但是，可供研究的只有死掉的"龙"，并没有活的样本。1926年，美国博物学家伯登前往科莫多岛，活捉了一对"龙"，并送往纽约布朗克斯动物园。不过，伯登并不知道，他在神秘岛屿上寻找古代怪物的经历后来成了1933年票房大片《金刚》的灵感来源。

科莫多巨蜥虽然不能喷火，但是它们有其他可怕的狩猎习惯。它们会用舌头感知空气中的味道，静静地跟踪猎物，或者极其耐心地等待猎物经过。然后，发动致命的袭击：口中分泌毒液，将目标咬死。科莫多巨蜥会将同它们的脑袋一般大的肉块撕咬下来，一口吞下，不浪费一分一毫——猎物的骨头、蹄子、皮和内脏都会被它们愉快地吃完。一只科莫多巨蜥一次可以吃掉的食物重量相当于它们体重的3/4，这大约相当于一个人一口气吃掉了70张比萨饼。

科莫多巨蜥在当地没有任何天敌，这多亏了它们巨大的体形和吓人的特征。它们的威胁主要来自人类的行为：伐木毁林、开荒放牧、偷猎野鹿（科莫多巨蜥的主要食物）、引发森林火灾等。这些行为都会破坏它们的生活环境。已知的科莫多巨蜥栖息地并不多，它们非常脆弱，生存环境稍加破坏，都会对它们造成伤害。有些科莫多巨蜥还会因此闯入人类的地盘，捕食牲畜，袭击当地农民。

现存的野生科莫多巨蜥大约有5700只，但它们的数量一直在减少。为了保护它们，1980年，科莫多国家公园成立，并于1991年被纳入联合国教科文组织（UNESCO）世界遗产名录。每年都有数以万计的游客来公园参观，只为一睹这些震撼人心的"明星"们。很多当地人以旅游业为生，有的担任船夫，有的受训成为导游。不过，自从当地建成了新机场和新港口，乘飞机或游艇来到岛上的游客越来越多，给科莫多巨蜥造成了很大的压力。现在，当地已出台限制游客人数的规定，并将门票收入用于保护工作。

你也可以在世界各地的动物园里看到科莫多巨蜥*。科学家通过研究可以更好地了解这种动物，为保护它们的自然栖息地出谋划策。

*2021年，上海动物园首次引进一对科莫多巨蜥。（编者注）

爪哇闪皮蛇

DRAGON SNAKE

身份信息

别名： 龙蛇

学名： *Xenodermus javanicus*

分类： 爬行类

食物： 蛙类

天敌： 未知

全长： 最长可达75厘米

栖息地： 东南亚

生活环境： 热带雨林

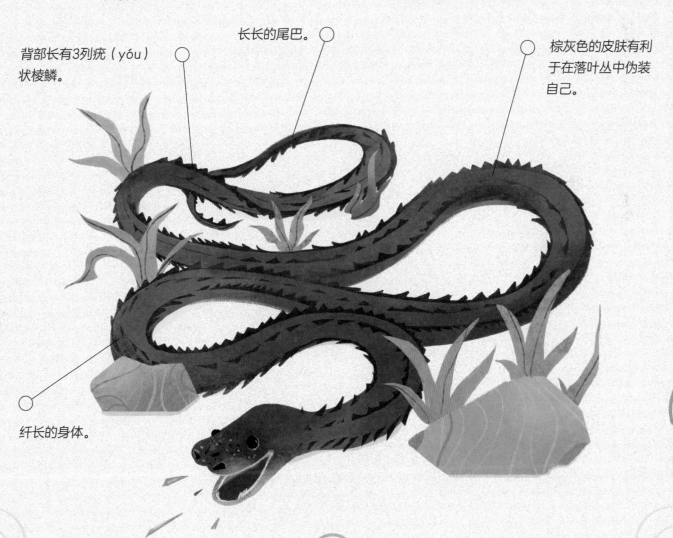

背部长有3列疣（yóu）状棱鳞。

长长的尾巴。

棕灰色的皮肤有利于在落叶丛中伪装自己。

纤长的身体。

又是炎热而潮湿的一天，正午的雨林雷声隆隆，一场大雨即将来临。整片雨林，无论在树顶的华盖里，还是在地面的落叶层中，都洋溢着生命的欢腾。很多动物都跑了出来，或寻找食物，或躲避天敌。

但是，你很难见到爪哇闪皮蛇。这种长相奇怪的蛇白天大部分时间都待在地下，藏匿在洞穴里，等待夜晚的来临。夜幕降临时，它们会醒过来，饥肠辘辘，于是便静悄悄地滑到地面：是捕猎的时候了——蛙类是它们的主要食物。

这种罕见的爬行动物分布在东南亚地区，从缅甸南部到苏门答腊岛、爪哇岛和加里曼丹岛都发现过它们。它们栖息在热带雨林中的溪流、湿地和沼泽附近，偶尔也会闯入稻田觅食。

1836年，丹麦动物学家莱因哈特首次对爪哇闪皮蛇进行了科学描述。莱因哈特是丹麦哥本哈根大学的一名教授，他环游世界，搜寻罕见的爬行动物，一共发现了25个在当时看来甚为新奇的物种，甚至有一种蚺（rán）蛇以他的名字命名。

爪哇闪皮蛇的学名由莱因哈特所取，古希腊语义为"奇怪的皮肤"。此处指的是它们最引人注目的特征：3列贯穿背部的黑色疣状棱鳞。除了它们，世界上再没有任何一种蛇拥有这样的特征。这个特征与龙的锯齿状背棱十分相似，由此激发了人们的灵感，赋予它充满神话色彩的别名。

尽管爪哇闪皮蛇很早就被发现了，人们对它们却知之甚少。部分原因是它们在野外很难被找到，而在圈养的环境中又很难存活。目前可知，雌性的体格要比雄性稍大，每年会在十月到次年二月的雨季产几批卵，每批不超过4颗。两个月后，幼蛇破壳而出。爪哇闪皮蛇均无毒，但是在面临威胁的时候会做出夸张的举动。它们会让身体变得直挺挺的，一动不动，并一直保持这样的姿态，哪怕是被人抓起来。没有人知道它们为什么会这样做。

科学家很想更多地了解这种神秘的蛇，他们或许还有机会。虽然爪哇闪皮蛇比较罕见，却并非濒危物种，数量有可能还在增加，而它们面临的最大威胁也许就是人类对其栖息地的破坏。不过，目前并没有出台针对野生爪哇闪皮蛇的保护计划。

中部髯蜥

CENTRAL BEARDED DRAGON

身份信息

别名：鬃狮蜥，胡子龙

学名：*Pogona vitticeps*

分类：爬行类

食物：昆虫和植物

天敌：鸥嘴噪鸥、巨蜥、澳洲野犬、黑头盾蟒、猛禽

全长：最长可达55厘米

栖息地：澳大利亚

生活环境：林地、灌木丛

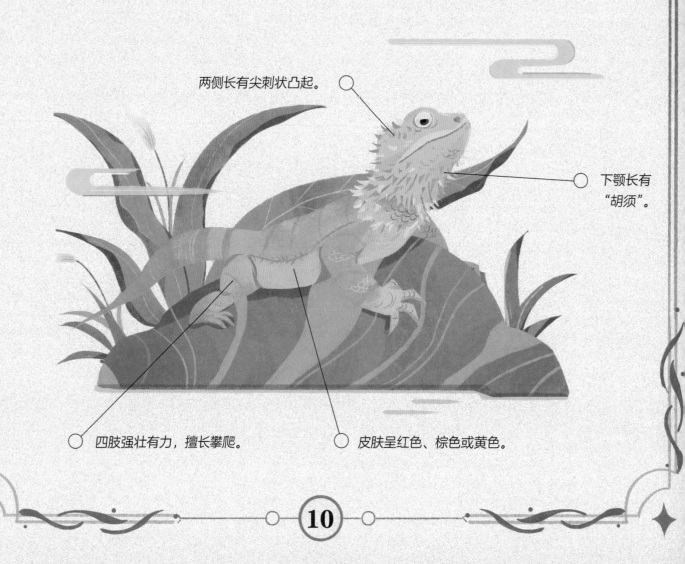

两侧长有尖刺状凸起。

下颚长有"胡须"。

四肢强壮有力，擅长攀爬。

皮肤呈红色、棕色或黄色。

在林间空地上，一棵桉树的枝头正趴着一只中部鬣蜥。它用矮胖宽大的身体贴紧树枝，避免掉落，然后舒展四肢，心满意足地沐浴在清晨的阳光下。和所有爬行类动物一样，这只懒洋洋的"胡子龙"是变温动物，晒太阳对它来说是件大事。它需要借助阳光的热量让身体暖和起来，迎接忙碌的一天。

中部鬣蜥会择树而栖，从高处随时关注天敌和猎物的情况。它们不挑食，很乐意吃水果和树叶，而各种昆虫，比如蚂蚁和甲壳虫，乃至体形较小的蜥蜴，只要可以捉到，也照吃不误。它们会先将食物咬住，再用强壮的下颚将其嚼碎。

中部鬣蜥在消化晚餐时需要保持警惕，因为有些鸟和蛇非常喜爱蜥蜴这种"小零食"。如果出现危险，它们会虚张声势：直面敌人，张大嘴巴，发出低沉、恐怖的嘶嘶声。然后，抬起脑袋，鼓起下颚那一圈尖尖的"胡须"，以此吓唬敌人。

与此同时，中部鬣蜥会大口大口地吸气，给自己充气，变成长满鳞片的"气球"，让身体两侧的尖刺状凸起更加突出。这场"炸刺"表演的目的只有一个，就是让它们看上去比自己本来的样子更高大、更威猛，使敌人兴味索然，打道回府。实际上，这些尖刺是有弹性的，并不能造成什么伤害，但敌人并不知情。如果这一戏剧化的表演效果欠佳，它们还有一招：让鼓起来的尖刺从黄色变成黑色，显得更具威慑力。

通常来说，中部鬏蜥是独居动物，但是在特别舒适的日光浴场，或者食物充足的地方，它们偶尔也会成群结队地出没。聚集在一起的中部鬏蜥会很快形成一套尊卑秩序——离树顶越近，晒太阳的位置就越好。如果领头的中部鬏蜥受到挑战，它会鼓起尖刺，向挑战者展示自己强壮的身躯，证明自己是这个位置的不二之选，并愿意与任何对手一较高下。挑战者通常会知趣地离开，避免冲突。它会缓慢地晃动头部，挥动前肢，清楚地表明放弃挑战。

科学家对中部鬏蜥的了解一直在不断深入。他们已经知道，中部鬏蜥仅需几分钟就可以完全改变身体颜色。2014年，科学家研究发现，中部鬏蜥的身体颜色会在一天的不同时段发生变化，早上颜色偏深，到了晚上逐渐变浅。科学家认为，这种变化是为了帮助它们在白天更好地吸收热量。

粉红氰化千足虫

SHOCKING PINK DRAGON MILLIPEDE

身份信息

别名： 粉红巨龙千足虫

学名： *Desmoxytes purpurosea*

分类： 多足类

食物： 腐叶、枯萎的植物

天敌： 鸟类、爬行类

全长： 约3厘米

栖息地： 东南亚

生活环境： 石灰岩溶洞

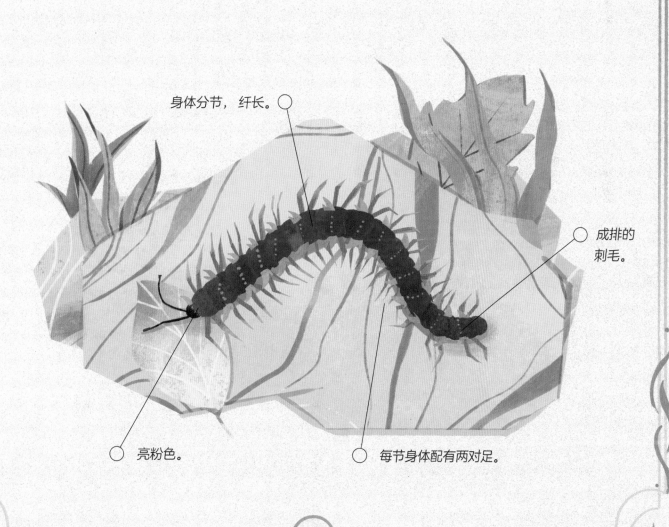

身体分节，纤长。

成排的刺毛。

亮粉色。

每节身体配有两对足。

科学家正在岩石间奋力攀爬，他们情绪高涨，因为这次野外探险大获成功。他们已经收集了多个珍稀品种的千足虫样本，但还希望有更多收获。突然，他们发现岩石上趴着一只很特别的动物，非常显眼。它身披亮粉色外衣，身上布满刺毛，释放出一股奇怪的苦杏仁味。

科学家立刻认出这是千足虫的一种。千足虫遍布整个东南亚，因长满刺毛的奇异外表而得名。专家认为这些刺毛起到了像盔甲一样的作用，保护千足虫细长的足免受伤害。但眼前这只千足虫与此前科学家见到的都不相同，它全身呈亮粉色，长约3厘米，比成年人的大拇指还要短。

它是在帕塔溶洞中被发现的。这个古老的石灰岩溶洞位于泰国的岩石山谷之中，前身可能是一个山洞。多年以前，山洞洞顶坍塌，才变成现在的样子。

山谷中植被茂密，棕榈树尤其多，地上堆满了厚厚的落叶。千足虫在岩石和落叶间生活、穿梭，喜欢潮湿的环境。大雨过后，可以看到大量千足虫爬到地面。千足虫炫目的颜色的确让它们备受关注，但这不仅仅是为了展示，也是为了警告潜在的天敌（比如鸟类和爬行类），自己可一点都不美味。千足虫特殊的腺体会分泌出有毒的氰化物，这就是异味的来源。

由于粉红氰化千足虫身上长有成排的刺毛，就像龙的背棱一样，因此有了

"粉红巨龙千足虫"的别名。自2007年它们被发现以来，在东南亚的其他地方陆续发现了更多品种的千足虫。2015年，在老挝发现了两个新品种，它们比粉红氰化千足虫长度更短，颜色也没那么鲜亮，但是都有"龙一般的"刺毛。2016年，在中国又发现了6个品种，其中有4种只有在岩洞的深处才能见到，由于它们生活在黑暗中，没有人能确认它们是不是亮粉色。有些品种则没有鲜艳的色彩，只有毫无生机的白色。

飞蜥

FLYING DRAGON

身份信息

别名：飞龙

学名：*Draco volans*

分类：爬行类

食物：昆虫

天敌：蛇类、鸟类、巨蜥类

全长：最长可达22厘米

栖息地：东南亚

生活环境：热带雨林

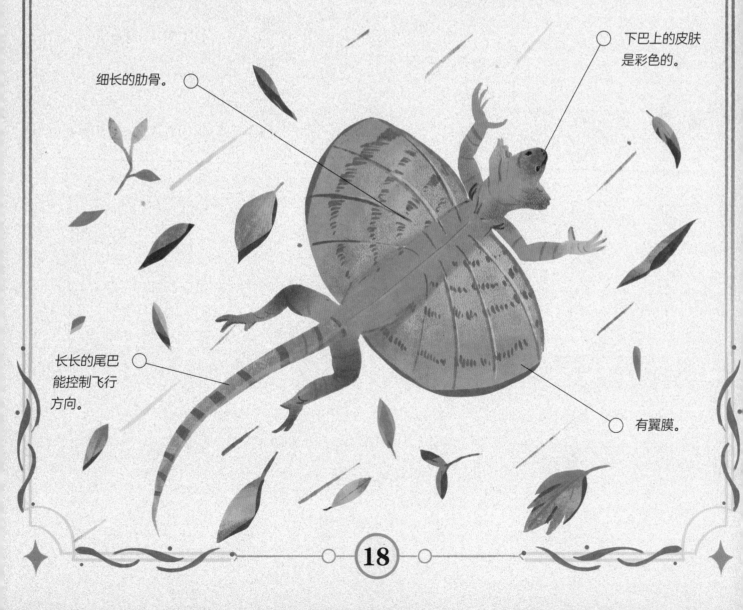

细长的肋骨。

下巴上的皮肤是彩色的。

长长的尾巴能控制飞行方向。

有翼膜。

如果你走进热带雨林，或许能在树木间看到"飞龙"。这种动物叫作飞蜥，它们的属名意思是"飞翔的龙"。这是一种身形娇小，却拥有非凡能力的蜥蜴。为了寻找食物和配偶，动物通常需要在森林的地面上跑动，这种行为非常危险，因为四处都潜伏着捕食者。为了生存下去，在千万年的进化过程中，飞蜥学会了御风飞行。这是一种更迅速、更便捷，也更安全的林中穿梭方式。

飞蜥有一组修长的肋骨，每根都由翼膜连接，就像长着双翼。飞蜥在起飞前会将双翼展开呈扇形，同时前肢发力，身体向后伸展，将双翼拉向前侧，然后把自己弹射到空中。飞蜥不能像鸟或蝙蝠那样扇动翅膀，但是可以凭借双翼在林中滑翔。在空中，它们把纤长的尾巴当作方向盘来控制方向，每跳跃一次，最远可以滑行30米。在快要着陆的时候，它们会放松双翼，让前肢抓紧树干，然后收拢双翼，紧紧贴住身体。

大多数时候，飞蜥会待在树上，以蚂蚁和白蚁为食。雄性会气势汹汹地在它们的领地巡逻，凭借滑翔技巧将竞争者赶出去。雌性则在林间滑行，寻找配偶。无论是雄性还是雌性，双翼底部和下颚的皮肤都是五彩斑斓的，展开时就像旗帜一样。在繁殖期，雄性会做出引人注目的举动来吸引雌性注意。它们会炫耀自己身上的色彩，上下摆动身体，使自己显得更加高大强壮。

　　虽然飞蜥很需要树的保护，但雌性在产卵的时候不得不来到地面。雌性会用尖尖的吻部在地上挖开一个小洞，在里面产下5个左右的卵，再用土把洞埋上，用脑袋拍打洞口，将土填实。之后它们会在旁边待上24小时，严加看守，然后回到树上，听天由命。大约32天后，小飞蜥就会破壳而出。

皇古蜓

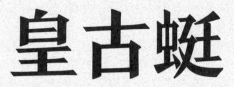

GIANT PETALTAIL DRAGONFLY

身份信息

别名：皇帝古蜓

学名：*Petalura ingentissima*

分类：昆虫类

食物：昆虫

天敌：猛禽

全长：约12.5厘米

翼幅：约16厘米

栖息地：澳大利亚

生活环境：热带雨林

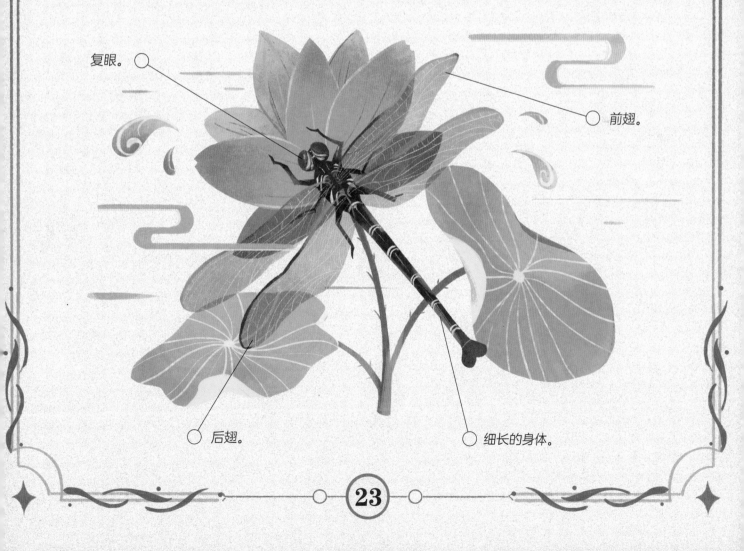

复眼。

前翅。

后翅。

细长的身体。

在大约一亿五千万年前的侏罗纪时代，巨型蜻蜓与恐龙共同生活在地球上。如今，恐龙不复存在，巨型蜻蜓却尚存于世，它们扇动着巨大的翅膀，在热带雨林中飞行。

皇古蜓就属于这个古老的家族。它们是一种巨大的蜻蜓，身体有一支铅笔那么长，翅膀同你展开的手掌一样宽。它们的身体多呈深棕或黑色，背部和身体两侧点缀有黄色的斑纹，雄性尾端有花瓣状的抱握器。皇古蜓在热带雨林的溪流和沼泽附近栖息、觅食。

目前，世界上有几千种蜻蜓，它们都有长长的身体和两对强壮的翅膀——后翅较短，前翅较长。在休息的时候，蜻蜓会将翅膀放平，远离身体。它们是飞行家，灵巧又迅速，能在空中表演令人眼花缭乱的飞行特技。

蜻蜓是凶猛的捕食者，凭借出色的飞行技巧在空中捕捉昆虫。它们用有刺毛的长足抓住猎物，死死咬住猎物的脑袋，然后将猎物带回巢穴，拆掉翅膀，从脑袋开始，大快朵颐。

除了在狩猎时一骑绝尘的飞行能力外，蜻蜓的视力也非常好。两只巨大的复眼占据了它们头部的绝大部分，每一只都由成千上万个微小的晶状体组成。这样一来，它们几乎可以看到除了身后以外的任何地方。蜻蜓前腿上长有细小的刺毛，它们会将刺毛当作刷子来清洁眼睛表面，让视力保持在最佳状态。

在繁殖期，雌性会在溪流或沼泽边的植物间产卵。幼虫孵化后，会在岸边挖很深的洞穴，并在夜间离开洞穴捕猎昆虫。在接下来的几天里，它们的翅膀会舒展开，变得干燥、坚硬，足以飞行。幼虫会长到6厘米长，需要好几年时间才会成年。成年皇古蜓的生命非常短暂——只有几个月。

花斑连鳍<ruby>鮨<rt>xián</rt></ruby>

MANDARIN DRAGONET

身份信息

别名： 七彩麒麟，官服鱼

学名： *Synchiropus splendidus*

分类： 鱼类

食物： 小型蠕虫及甲壳类动物

天敌： 鲉（yóu）鱼

全长： 最长可达6厘米

栖息地： 印度洋和太平洋

生活环境： 热带海域、珊瑚礁

警示色。

带刺的鳍。

扇形的尾巴。

神话中的生物以陆地、天空和海洋为家。有时，它们会被用来命名外形奇异的海洋动物。在过去，探索新大陆的水手和探险家需要跨越汹涌的大海，与滔天巨浪搏斗。在凶险的环境中，他们看见的"海龙""海怪"，很快就成了民间传说的一部分。地图上未经探索的水域会被标注"神兽出没"的字样，也许我们永远都无法得知它们的真面目。

接下来我们要介绍的"神兽"生活在印度洋和太平洋温暖海域的珊瑚礁里。它就是鲀，热带鱼类中的一个大科。其中最大的是长尾鲀，最长可达30厘米。最小的是圣赫勒拿岛鲀，仅长2厘米。这些"神兽"的脑袋是三角形的，有大大的嘴巴和圆鼓鼓的眼睛。鱼身鲜艳绚丽，鱼尾呈扇形，鱼鳍更是五彩斑斓，后背的前侧鱼鳍上长有4根尖刺。

有一种美丽的鳉别名"七彩麒麟"，又因为颜色和中国清代高官的袍服一样鲜艳，也被称为"官服鱼"，它们就是花斑连鳍鳉。花斑连鳍鳉生活在珊瑚礁中，蓝、绿、橙、黄，这些配色在珊瑚礁的映衬下更显得光彩夺目。这些美丽的小鱼通常是成群结队或出双入对地出现，要么优哉游哉地穿梭于珊瑚的枝干间，要么藏身在边角缝隙中。它们大部分时间都在海底的沙子中觅食，寻找蠕虫和小型甲壳类动物。在进食的时候，它们会伸出下巴，将食物一口吸入嘴中。然后，再把跟食物一起吞进去的沙子全部吐出来。

与其他鱼类不同的是，鳉的皮肤上没有鳞片，而是包裹着一层厚厚的黏液，不仅可以保护皮肤，还可以防止寄生生物滋生。不过，这层黏液的功能不止于此，它还隐藏着一个致命的秘密——有毒。当鳉被捕食者咬住的时候，它们会通过遍布全身的小凸起将有毒的黏液射入捕食者体内。更可怕的是，这种黏液奇臭无比，因此，鳉也被戏称为"臭鱼"。科学家认为，鳉炫目的色彩或许是一种吓退潜在捕食者的警示色。

叶海龙

LEAFY SEA DRAGON

身份信息

别名： 枝叶海马

学名： *Phycodurus eques*

分类： 鱼类

食物： 小型甲壳类动物

全长： 20～24厘米

栖息地： 澳大利亚

生活环境： 沿海水域

身体呈棕黄色。

树叶般的皮肤。

管状吻部。

用于游泳的鳍。

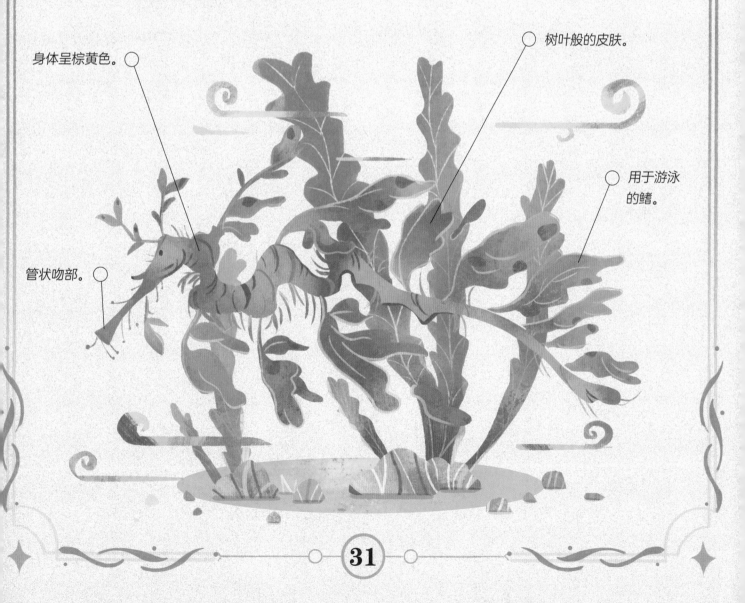

一小块海草正漂在海面上，轻柔地上下浮动。它参差不齐的叶片随着水波漂荡，直到消失在一大丛杆状植物中。不过，眼见并不总为实。若你仔细观察，就会发现这块"海草"清清楚楚地长着脑袋和尾巴。实际上，它是一只叶海龙，它巧妙地把自己伪装起来，与茂密的巨藻丛融为一体。

人们认为，叶海龙就像迷你版的龙，它们其实是尖嘴鱼和海马的近亲，这种奇特的生物也是一种鱼。它们生活在澳大利亚海岸，凭背上的袖珍鱼鳍游动。这些薄得几乎透明的鳍可以让它们轻微地起伏和摆动，推着自己缓慢地在水中前进。

进食的时候，叶海龙会用细长的管状吻部吸入食物，包括浮游生物、小蠕虫、虾和其他甲壳类动物等。它们棕黄色的身体与海带的颜色完美匹配。但是，这不是它们唯一的伪装技巧。为了伪装得更完美，它们的身体上还覆盖着一条条草叶般的皮肤，与海带叶的形状和颜色一致，即使是最敏锐的捕食者也难以将两者区分开来。

在一年中的大部分时间里，叶海龙喜欢独居，但是在繁殖期它们会成对生活。和海马一样，雄性负责照看幼崽。雌性会产下大约250个亮粉色的卵，并将它们安置在雄性尾部下方海绵状的孵卵囊中。在接下来4～6周里，雄性会携带并孵化这些卵，直到小叶海龙出生。至此，爸爸的任务完成了，之后宝宝们需要自食其力。它们会在两年后长成成体，开始繁殖。

与叶海龙有关的生物还有草海龙和红宝石海龙。红宝石海龙在2015年才被科学家确认身份，是150年来人们发现的第一个新品种。科学家认为，它们的鲜红色皮肤虽然引人注目，但其实是一种伪装。红宝石海龙生活在深海，红色的光很难到达那里。也就是说，鲜红色皮肤可以让它们在漆黑的海底"隐形"。

长鬣蜥
liè

CHINESE WATER DRAGON

身份信息

别名： 中国水龙

学名： *Physignathus cocincinus*

分类： 爬行类

食物： 啮齿动物、鸟类、动物卵、
鱼类、昆虫

天敌： 大型鸟类

全长： 最长可达1米

栖息地： 中国及东南亚地区

生活环境： 热带雨林的沼泽及河流

长长的尾巴。

长长的颈鬣。

"第三只眼睛"。

有黏性的舌头和尖尖的牙齿。

四肢和爪子强壮有力。

　　热带雨林的下午，雾气缭绕，给人悠闲的感觉。突然间，一记响亮的"哗啦"声打破了这片宁静。河面的树枝上，一只长鬣蜥刚才还悠然地晒着日光浴，现在却头朝下，猛地跃入水中。这么做是为了避开饥肠辘辘的鸟儿，尽量不引起它们的注意。这只勇敢的蜥蜴会游到安全地带，或一直潜伏在水下，直到危机过去。

　　长鬣蜥生活在热带雨林中的沼泽或河边，它们是游泳健将，在水中行动灵活。它们的尾部肌肉发达，尾巴的长度占身体长度的2/3，两侧扁平，可以像船桨一样在水面上提供动力。长鬣蜥可以在水中潜伏一个多小时，甚至能在水中睡觉，它们会把鼻孔露出水面来呼吸。

　　在岸上没有捕食者时，长鬣蜥会从水里出来，回到栖息的树梢。它们在树干上攀爬的时候，会用尾巴来保持平衡，并且用厚实而锋利的前爪牢牢抓住树干。如果这些努力都没有摆脱捕食者，那它们就只能甩起尾巴来防身了。

与其他爬行动物一样，长鬣蜥是变温动物，每天会花一些时间在枝头沐浴阳光，让身体暖和起来。在它们的头顶，也就是双眼之间的位置，长有一个亮闪闪的小圆点，有时被称为"第三只眼睛"。人们认为这只"眼睛"可以帮助它们感知光线的差异，方便它们选择晒太阳的好地方，也可以感知天色的变化，提醒它们找一个庇护之所来安度夜晚。

长鬣蜥最长可达1米，因其颈部和背部带"刺"，很像龙的背棘，故得名"水龙"。雄性体形比雌性要大，冠部的尺寸也更大。在繁殖期，雄性会用极为夸张的行为来吸引雌性的注意。它们会上下摇晃自己的脑袋，鼓起咽部，并挥动四肢。交配后，雌性会挖出一个地下巢穴，在里面产下约15颗卵。这些卵在60天左右会被孵化成小蜥蜴，身长约15厘米。长鬣蜥的寿命可达10～15年。

大西洋海神海蛞蝓

BLUE DRAGON SEA SLUG

身份信息

别名：蓝龙

学名：*Glaucus atlanticus*

分类：软体类

食物：葡萄牙战舰水母、鱼类

天敌：鱼类、鸟类

全长：约3厘米

栖息地：大西洋、太平洋和印度洋

生活环境：温暖海域

蓝色。

轻软的放射状附肢。

身体扁平，便于漂浮。

水面上，一只大西洋海神海蛞蝓正上下颠倒地漂浮着，它随波逐流，任季风或洋流把它带往任何地方。它袖珍又扁平的身体像一只微缩木筏，简直是为这种生活方式量身定做的。它还会大口大口地吞入空气，以获取额外的浮力。

但是，在海面上吞吐气泡是一件很危险的事情，这会让捕食者更容易发现它——天上有盘旋的海鸟，水下有肚子空空、为寻觅美味而聚集在一起的海鱼。幸运的是，为了生存，大西洋海神海蛞蝓已经做好了周全的准备。首先，它们有排列巧妙的颜色，虽然并不引人注目，但可以很好地将自己伪装起来。

具体操作如下：从上往下看，它们的身体呈现海洋的蓝色，这样一来，鸟类就很难从海中找到它们。从下往上看，它们是银灰色的，与天空的颜色融为一体。如果它们机智的伪装未能奏效，也还有一线生机。它们会亮出自己的秘密武器——84根轻软的、像手指一样的放射状附肢。这些附肢不仅赋予了它们"蓝龙"这个神秘的名字，还有极其重要的功能。它们含有致命的刺细胞，这些刺细胞是大西洋海神海蛞蝓从猎物——葡萄牙战舰水母的触手中吸收来的。

葡萄牙战舰水母细长的触手是有毒的。它们的触手会随着水波延伸出去，将鱼类猎物紧紧缠住，使其麻痹。但是，葡萄牙战舰水母的毒对于大西洋海神海蛞蝓不起作用。相反，大西洋海神海蛞蝓会把葡萄牙战舰水母的触手吃掉，并将其中的毒素转化成自己体内的刺细胞。这些刺细胞会被收集到特殊的囊里，储存在放射状附肢的末端，在需要保护自己的时候，可以随时释放。大西洋海神海蛞蝓只有3厘米长，虽然娇小，却可以发出一记强有力的痛击。

大西洋海神海蛞蝓有时会与海螺和水母一起大规模地出现，人称"蓝色舰队"。它们经常在开阔的海域出没，偶尔会被冲上海岸或沙滩。如果你发现了一只大西洋海神海蛞蝓，一定要小心。无论如何都不要把它捡起来，因为它可能会蜇人。

词汇表

晒太阳/日光浴（basking）：躺在阳光下获得温暖的行为。

浮力（buoyancy）：物体在流体中受到的向上托的力。

伪装（camouflage）：本书指动物身上可以与环境融为一体的颜色或斑点。

腐肉（carrion）：腐烂的肉。

复眼（compound eye）：由很多结构和晶状体构成的器官。

（对自然环境的）保护（conservation）：指对动物、植物及自然界的保护。

甲壳类动物（crustacean）：动物的一类，比如螃蟹、龙虾、虾等。

觅食（foraging）：寻找食物。

分叉的（forked）：分出或长出叉形的东西。

腺体（gland）：分泌化学物质的身体组织。

滑翔（glide）：凭借气流的升降在空中飘浮飞行。

草地（grassland）：长满绿草、广阔而干燥的土地。

孵化（incubate）：动物保持其卵或者蛋是温暖的，直到幼虫或小动物破壳而出的过程。

巨藻（kelp）：长在海里的巨型棕绿色植物。

幼虫（larva）：从卵中孵化出的昆虫的幼年形态。

落叶（层）(leaf litter)：掉落在地上的树叶、树枝和树皮。

黏液（mucus）：生物体内分泌的黏稠液体。

博物学家（naturalist）：研究动植物、矿物、生理学等自然学科并且在这方面知识渊博的人。

稻田（paddy field）：在水里种植大米的田地。

寄生生物（parasite）：住在其他动物或植物身上并且靠它们获得食物的动物或植物。

浮游生物（plankton）：悬浮在水层中的微小植物和动物。

偷猎（poaching）：在未经允许的情况下捕捉或者猎杀动物。

捕食者（predator）：本书指以捕猎其他动物为食的动物。

猎物（prey）：本书指其他动物的猎食目标。

鳞（scale）：某些动物皮肤上覆盖着的小小的扁平的薄片。

分节的（segmented）：一种动物躯体的构造方式，由呈直线排列的一系列相似部分组成，每部分为一个体节。

锯齿状的（serrated）：本书指在边缘长有一排锋利的尖端。

样本（specimen）：本书指某样东西的例子。

脆弱的（vulnerable）：本书指容易被伤害或攻击的。

延伸阅读

Michael Bright（迈克尔·布莱特著），*Animals in Disguise: Uncover the Secrets of Animal Camouflage*（《伪装者：动物伪装大揭秘》），Wayland，2019（韦兰德出版社，2019年）

Michael Bright（迈克尔·布莱特著），*Darwin's Tree of Life*（《达尔文的生命树》），Wayland，2018（韦兰德出版社，2018年）

Lindsay Galvin（林赛·加尔文著），*Darwin's Dragons*（《达尔文的龙》），Chicken House，2021（鸡舍出版社，2021年）

Cressida Cowell（克雷西达·柯维尔著），*How to Train Your Dragon* series（《如何训练你的龙》系列丛书），Hodder Childrens，2010（霍德尔儿童出版社，2010年）

Tim Harris（蒂姆·哈里斯著），*Wildlife Worlds* series（《野生动物世界》系列丛书），Wayland，2019（韦兰德出版社，2019年）

你还可以在互联网上查到更多自然界中或神奇或怪异的"龙"。

一起走进"龙"的世界

  世界各国的文化中都活跃着关于大型爬行动物的传说，它们的外表虽不尽相同，却有着一个相同的统称——龙。

  然而，不同文化背景的人对龙的看法截然不同，西方人将龙视作邪恶、贪婪的代名词。而在中国及受中华文化影响的亚洲地区，龙却是一种祥瑞之物，我们中华民族更是自称为"龙的传人"，龙对东方文化的影响可见一斑。因此，有学者建议将东方龙的英文翻译为"loong"，以示与西方龙"dragon"相区别。

  有关龙形象的由来至今众说纷纭，但大体上是以爬行动物为原型演绎而来。虽然龙是传说中的动物，但在现实生活中也有许多动物被冠以龙的名号，它们或是有着神似龙的外貌，或是具备可比拟龙的神奇本领。

  《真的有龙吗？自然界的"龙"图鉴》就是一本带领大家认识现实生活中"龙"的图书。通过介绍书中出现的动物，让大家了解如何将现实中的"龙"与传说中的龙建立起联系。对尚在建立认知体系的小读者来说，这本书也可以作为他们了解爬行动物的趣味入门之选。让我们以传说为引导，一起走进真实的"龙"的世界吧。

推荐人：齐硕